BERICHTE ÜBER DIE VERHANDLUNGEN DER SÄCHSISCHEN AKADEMIE DER WISSENSCHAFTEN ZU LEIPZIG

Mathematisch-naturwissenschaftliche Klasse
Band 101 · Heft 5

ENNO HEIDEBROEK

DIE VERANTWORTLICHKEIT DES INGENIEURS

Vortrag,
gehalten bei der 125-Jahrfeier der
Technischen Hochschule Dresden
am 4. Juni 1953

1 9 5 4

AKADEMIE-VERLAG · BERLIN

Vorgelegt in der Sitzung vom 15. Februar 1954
Manuskript eingeliefert am 8. Juni 1954
Druckfertig erklärt am 8. Oktober 1954

Erschienen im Akademie-Verlag GmbH., Berlin W 8, Mohrenstraße 39
Veröffentlicht unter der Lizenznummer 1217
des Amtes für Literatur und Verlagswesen der Deutschen Demokratischen Republik
Satz und Druck: (IV/26/14) Tribüne, Verlag und Druckereien des FDGB
Druckerei II Naumburg (Saale) Auftr.-Nr. 1756
Bestell- und Verlagsnummer 2027/101/5
Preis: DM 1.—
Printed in Germany

Wenn hier im folgenden von der „Verantwortlichkeit“ des Ingenieurs gesprochen wird, so ist der Begriff „Ingenieur“ im weiten Sinne dahin zu verstehen, daß mit ihm alle Kategorien derjenigen Fachkreise verstanden sein sollen: Bau-Fachleute, Maschinenbau-Ingenieure, Elektrotechniker und Chemiker, die in irgendeiner Weise in die Technik und die in ihrem Rahmen vor sich gehenden Arbeitsprozesse eingespannt sind und damit eine Verantwortung gegenüber der Gesellschaft für den Erfolg oder Mißerfolg ihrer Arbeit zu tragen haben.

Häufig werden sie zur Verantwortung gezogen, wenn es ihnen nicht gelingt, irgendeine in der Planwirtschaft gestellte Aufgabe mengenmäßig oder terminmäßig zu erfüllen und ihnen dabei ein „dolus“, d. h. eine böswillige Versäumnis unterstellt wird, während es sich entweder um äußere Hemmungen oder um Unzulänglichkeiten der technischen Arbeitsmethoden an sich handelt. Darüber hinaus gibt es weite Kreise, die der Technik überhaupt die Schuld an gewissen krisenhaften Erscheinungen der menschlichen Gesellschaft in Wirtschaft, Kultur und im sozialen Leben zuschieben möchten. Hierüber findet z. Zt. in allen industriellen Ländern eine lebhafte Diskussion statt, die dadurch gekennzeichnet ist, daß in ihr vorwiegend Philosophen, Nationalökonomen und andere „Geisteswissenschaftler“ zu Wort kommen, aber nur wenig wirkliche Ingenieure, die letzten Endes doch die Träger des technischen Fortschrittes sind. Im Gegensatz dazu wendet die Regierung der Deutschen Demokratischen Republik der materiellen Versorgung der „Technischen Intelligenz“ eine besondere Fürsorge zu, die von den Betroffenen dankbar anerkannt wird, aber andererseits dem Begriff „Intelligenz“

manchmal einen Beigeschmack insofern verleiht, als derselbe an gewisse äußerliche Vorbedingungen (Fachstudium oder Berufsstellung) gebunden wird.

Gerade wir Techniker von Fleisch und Blut sind uns darüber klar, daß „Intelligenz“ eine allgemein menschliche und individuelle „Eigenschaft“ ist, die sich ebenso bei dem intelligenten Facharbeiter — Gott sei Dank — findet wie bei dem Absolventen irgend einer Hoch- oder Fachschule. Ohne diese Intelligenz der unteren Schicht der Werktätigen können wir unsere Aufgaben nicht erfüllen. Bekannt ist der humoristisch gemeinte, aber einen ernsten Kern enthaltene Ausspruch: „Die Experimental-Vorlesung des berühmten Physikers X macht sein Instituts-Mechaniker“.

Es erscheint notwendig, einmal die Gebundenheit der Technischen Intelligenz in ihren Methoden aufzuzeigen, um der Anschauung entgegenzutreten, daß man dem Ingenieur nur eine Aufgabe zu stellen brauche. Wie er sie löst, ist seine Sache. Löst er sie nicht, wie gewünscht, so ist er u. U. ein Schädling, betreibt Sabotage oder dgl. und muß bestraft werden.

Dieser Behandlung liegt die Anschauung zugrunde, daß der Mensch durch die Technik die Natur nach seinem Willen beherrschen könne.

„Doch die Elemente hassen
das Gebild von Menschenhand.“

Es ist nichts mit der Beherrschung der Natur durch die Technik. Jeder technische Fortschritt muß der Natur mühsam abgerungen werden. Der technische Intellekt ist dem Menschen als eine Naturkraft in die Wiege gelegt, die in der ganzen organischen Natur die Dinge zu einer optimalen Form zu entwickeln strebt. Jede technische Schöpfung ist nur ein Glied in einer unendlichen Kette der Entwicklung. Wenn die eine Lösung fertig erscheint, steht schon die bessere vor der Tür! Wieviele Konstrukteure haben nicht schon das Erlebnis gehabt, daß, wenn sie das Produkt ihrer Arbeit am Reißbrett in der Werkstatt fertig vor sich sehen, sie sich spontan eingestehen: das und jenes hättest du besser machen können.

Der technische Fortschritt ist auch in weitem Umfang autark und nicht auf geplante Vorschläge angewiesen. Man muß eine Idee erst einmal haben. Vorher kann man ihre Verwertung nicht planen. Eine schöpferische Idee — einmal ins Leben gerufen, wie der Rundfunk, der Kraftwagen und vieles andere — entwickelt sich autonom weiter und läßt sich nicht mehr unterdrücken. Sie gestaltet die gesellschaftlichen Beziehungen ebenso wie die soziale Struktur unter Umständen völlig um. In den riesigen Fordwerken haben mindestens zwei Drittel aller Beschäftigten einen eigenen Kraftwagen. Wie sich daher das Verkehrsbild umgestalten muß, braucht nicht erörtert zu werden.

Aber man übersieht meistens, daß jeder technische Fortschritt auch neue Schwierigkeiten und Hemmungen, neue Widerstände hervorruft. An Verkehrsunfällen gehen jährlich mehr Menschen zugrunde, als die sog. großen Kriege in der Vergangenheit an Opfern gefordert haben. Trotz aller Fortschritte und Vorschriften über Unfallverhütung geht die Zahl der leichten oder schweren industriellen Unfälle in die Hunderttausende. Das ist kein Anlaß zum triumphieren, ebensowenig wie die traurige Tatsache der Bergwerkskatastrophen in allen Ländern durch Schlagwetter-Explosionen. Oder die Schiffskatastrophen trotz aller Radargeräte und drahtlosen Verkehrsmittel.

Beschämend für die Menschheit ist die Tatsache, daß sie bisher die intensivsten Zerstörungsmittel zur gegenseitigen Vernichtung entwickelt hat. Aber ist daran die Technik schuld?

Der Schweißbrenner, ein nützliches Werkzeug, dient dem Einbrecher zum Aufschweißen von Geldschränken, die nützliche chemische Energie der Treibstoffe zum Antrieb von Ferngeschossen. Die Technik an sich ist weder gut noch böse, sie ist objektiv und sachlich. Sie wird es erst durch den Menschen und seine unbeherrschten Triebe. Der Ingenieur und Techniker schafft diese Dinge, um den Lebensstandard der Gesellschaft und den allgemeinen Wohlstand zu fördern. Er muß dies tun, da ohne ihre Hilfe die Ernährung der sich auf der Erde immer mehr vermehrenden Menschenmassen gar nicht möglich wäre. Die allgemeine Ethik der Menschheit hat sich dem Berufs-Ethos unserer Fachkollegen und Werktätigen noch nicht gewachsen gezeigt. Das ist eine erzieherische Aufgabe, die alle angeht: die Schulen, die Politiker, die Staatsmänner und die kulturellen Organisationen.

Man soll nicht den Schöpfer der Werkzeuge verunglimpfen, wenn man damit nicht umzugehen versteht.

Aber es wird immer wieder übersehen, welchen Schwierigkeiten und Hemmungen der Ingenieur bei seiner eigentlichen Arbeit selbst unterliegt und wie sehr diese ihn an der sicheren Voraussage seines Erfolges hindern. Die Entwicklung in dem wichtigsten Gebiet der Produktionsmittel-Industrie, dem Maschinenbau, ist dadurch heute gekennzeichnet, daß wir versuchen müssen, mit einem geringeren Aufwand an Material einen höheren Effekt zu erzielen. Das geschieht in erster Linie durch eine fortgesetzte Steigerung der Drehzahlen, die heute die 100 000-Zahl je Minute manchmal schon überschreiten. Dadurch entstehen früher ganz unbekannte Schwierigkeiten, einmal durch das Auftreten von dynamischen Wirkungen, insbesondere von Schwingungs-Erscheinungen, Resonanz-Wirkungen und dgl. Deren erregende Ursachen liegen meistens in den durch Schwerpunktverlagerungen hervorgerufenen Unwuchtkräften. Bei einem Generatoranker für $n = 3000$ U/min verursacht eine Schwerpunktsverlagerung von nur 0,5 mm bereits eine rotierende Fliehkraft von gleicher Größe wie das Ankergewicht, die starke Quer-Amplituden hervorruft und dadurch bei Resonanz zwischen Eigenschwingungszahl und Erregung gefährliche Betriebszustände hervorruft.

Zu deren Beseitigung sind moderne, auf elektro-dynamischem Prinzip beruhende Präzisions-Auswuchtmaschinen entworfen, am bekanntesten die Produkte der Maschinenfabrik Carl Schenck GmbH. in Darmstadt, bei denen man die Schwerpunktsverlagerungen bis auf weniger als $^1/_{100}$ mm herabdrücken kann. Obwohl in der Deutschen Demokratischen Republik im Rahmen des 5-Jahrplanes Tausende von Elektro- und Turbomaschinen herzustellen sind, gab es meines Wissens bisher in der Deutschen Demokratischen Republik noch nicht eine wirklich moderne Maschine, trotz aller Vorstellungen des Verfassers bei den zuständigen Ministerien.

Besondere Schwierigkeiten verursacht das Verhalten des Werkstoffs gegenüber Wechsel- bzw. Schwingungsbeanspruchung, durch das uns die unerwünschten Dauerbrüche und Ermüdungs-Erscheinungen des Werkstoffs beschert werden. Über den Mechanismus der Verformungs-Vorgänge im Werkstoff wissen wir noch sehr wenig. Sie sind bei jedem Werkstoff verschieden und vorläufig nur wirksam mit statistischen Methoden zu erfassen. An Stelle der statischen Berechnung der älteren Maschinen tritt jetzt die Berechnung nach der Zeitfestigkeit, d. h. der Zahl der ertragbaren Lastwechsel, die übrigens stark abhängig ist von der Gestalt, d. h. Formgebung des betr. Elementes (Gestaltfestigkeit). Diese Erscheinungen erfordern einen intensiven Ausbau der Werkstoff-Prüfeinrichtungen an der T H. wie in den Betrieben.

Eine Anfrage, wie sie vor kurzem an den Verfasser von einem namhaften Stahlwerk gerichtet wurde, wird hoffentlich ein Einzelfall bleiben. Man will dort für die bisher üblichen geschmiedeten Stahlwellen solche aus „Stahlguß" anfertigen, weil keine Möglichkeit besteht, die erforderlichen Schmiedestücke zu beschaffen. Das wäre an sich u. U. möglich, aber nicht ohne gründliche Untersuchung der Festigkeitseigenschaften. Ich schlug deshalb vor, solche zunächst an einem Probestück vorzunehmen. Die Werksleitung lehnte diese als überflüssig ab. Möge ihr das Risiko, das sie dadurch übernimmt, leicht werden! Weniger wohl wird es dem Konstrukteur werden, der die Wellen verantwortlich berechnen soll.

Ähnliche Schwierigkeiten bereiten die mit der sog. Kerbwirkung verbundenen Spannungs-Erhöhungen, deren Mechanismus zwar durch die Arbeiten von Prof. NEUBER, SIEBEL, THUM u. a. mathematisch geklärt erscheinen, aber bei der Vielfalt der Konstruktionsformen schwer genau eingesetzt werden können.

Diese und ähnliche Erwägungen legen dem Konstrukteur eine hohe Verantwortlichkeit auf, da sie den „Sicherheitsgrad" der Konstruktion bestimmen. Dieser Begriff, ausgedrückt durch das Verhältnis: Spannungsspitze zu Nennspannung zu Werkstoff-Festigkeit unterliegt in jedem Falle der freien Entscheidung des Konstrukteurs, die er auch nicht aus Taschenbüchern entnehmen, aber nur auf höchster Stufe der wissenschaftlichen Beherrschung des Fachgebietes halbwegs sicher treffen kann. Rechnet man z. B. bei Flugzeugkonstruktionen mit einer Sicherheit von 1 : 1,5, so sind für andere Maschinen und Bauteile Werte von 1 : 4 bis 1 : 10 durch Erfahrung festgelegt. Für Aufzug-Drahtseile sind Sicherheitsgrade von 10—20 vorgeschrieben. Je höher der Sicherheitsgrad, desto größer die Unsicherheit der zugrundeliegenden Berechnung.

In unserer Zeit rechnet man bei gewissen schweren Standard-Maschinen z. B. Hochdruck-Kompressoren der chemischen Industrie mit der Zeitfestigkeit insofern, als man z. B. bei gewissen Schrauben die Zahl der Lastwechsel ermittelt und die Schrauben ausgewechselt werden, ehe die Ermüdungsgrenze erreicht wird. Damit ist ein wichtiges Prinzip aufgenommen, nämlich die Maschinen nicht so lange laufen zu lassen, bis etwas bricht, sondern die zeitempfindlichen Teile rechtzeitig auszuwechseln. Dieses Prinzip hatte übrigens unter anderem auch die frühere Reichsbahn in breitestem Umfang durchgeführt.

So steht der ernsthafte Konstrukteur zwischen Scylla und Charybdis, der Scylla der Unfaßbarkeit mancher Werkstoff-

Eigenschaften und rechnungsmäßiger Unterlagen und der Charybdis einer eventuellen Bestrafung, wenn sich ein Versager einstellt.

Es wäre ein tödlicher Schlag gegen den technischen Fortschritt, wollte man die Risikofreudigkeit der fortschrittlichen Ingenieure durch formal-juristische Einschränkungen behindern. Alle großen technischen Fortschritte sind mit einem solchen Risiko persönlicher und materieller Art verbunden gewesen.

Als die Hochdruck-Synthese in der Kontaktchemie eingeführt wurde, wurde es notwendig, sogenannte Kontakttürme, d. h. stählerne zylindrische Behälter von großer Höhe für Innendrücke von mehreren Hundert Atü zu konstruieren. Behördliche Bauvorschriften, wie für Dampfkessel, gab es natürlich nicht. Man wußte anfangs auch nicht, daß bei der Hydrierung der Wasserstoff unter hohem Druck und Temperaturen den Kohlenstoff im Stahl angriff und das Gefüge schwammig wurde. Die Behälter wurden — eine hervorragende Leistung der Stahlindustrie — gebaut und arbeiten heute einwandfrei. Nur durch sie ist die Synthese von Ammoniak, Metanol, Buna und anderen heute lebenswichtigen Stoffen möglich.

Die ersten fördertechnischen Großgeräte im Braunkohlentagebau, wie Abraumförderbrücken, Großbagger, Absetzer sprechen in ihren Dimensionen und Beanspruchungen allen bis dahin bestehenden bergbaupolizeilichen Vorschriften Hohn. Es hätte auch keine Behörde gegeben, die technisch imstande gewesen wäre, die Berechnungen zu kontrollieren. Kühne Ingenieure und Unternehmer übernahmen das Risiko und brachten trotz mannigfacher Sorgen und Schwierigkeiten die deutsche Fördertechnik für Tagebauten an die Spitze in der ganzen Welt.

Es sind einzelne Förderbrücken durch elementare Naturereignisse zum Einsturz gekommen. Wie solche Unfälle trotz aller denkbaren Sicherheitseinrichtungen zustandekommen können, zeigt das Beispiel einer im Gebiet der heutigen Deutschen

Demokratischen Republik laufenden Brücke. Bekanntlich erhalten alle diese Geräte automatisch wirkende Apparate, die durch einen Winddruckmesser über ein elektrisches Relais den Antriebsstrom abschalten, worauf die Bremsen des Fahrgestells selbsttätig einfallen

Der Brückenwärter faßte, als eine Gewitterbö in den Tagebau einfiel, den vernünftigen Entschluß, gegen den Wind zu steuern. Der automatische Windschutz schaltete aber den Strom ab. Durch den Regen wurden die Schienen glitschig und die gebremsten Räder fingen an zu gleiten. Es blieb ihm wie dem übrigen Bedienungspersonal nur übrig, von der Brücke abzuspringen, was ihnen glücklicherweise gelang. Die Brücke wurde bis ans Ende ihrer Bahn getrieben und brach dort zusammen. Die enorme kinetische Energie von 5000 t Stahl kann bei Überschreiten einer gewissen Geschwindigkeit keine Macht der Welt mehr aufhalten. Als man die Brücke auf einem Balkengerüst mühsam wieder aufgerichtet hatte, setzte ein mit Schweißarbeiten beschäftigter Monteur ein Stück Holz durch Unvorsichtigkeit oder durch Zufall in Brand, worauf auch noch die gesamte wertvolle Inneneinrichtung abbrannte. Der Sachschaden betrug einige Millionen Mark.

Kann man hier von einem Verschulden sprechen und wen müßte man als Schuldigen zur Verantwortung ziehen? Mir ist übrigens nicht bekannt geworden, daß dieserhalb — es war vor dem Kriege — ein Prozeß angestrengt wurde.

Ich erinnere mich an manchen ähnlichen Vorfall aus meiner eigenen Praxis. In einer Rheinischen Kohlenzeche hatten meine Monteure den Druckrohr-Anschlußflansch an einer großen Wasserhaltung einseitig angezogen, so daß er anriß. Da der Wasserdruck 600 m betrug, sauste ein Wasserstrahl ausgerechnet in die Hochspannungs-Schalttafel. Erfolg: Kurzschluß nicht nur auf der betreffenden Zeche, sondern im Umkreis auf weiteren fünf Zechen.

Es stand noch ein Reserve-Aggregat daneben, das auch naß wurde. Die Gefahr bestand darin, daß, wenn auch dieses versagte, die Grube ersoff, da das Wasser im Sumpf zu steigen begann. Die Kumpel im Schacht kamen angeströmt, da sie merkten, daß etwas los war, banden sich Bretter und Dachpappe auf den Rücken und stellten sich vor den Strahl.

Als der Strom wieder eingeschaltet war, ging es um das Risiko: Sollte man es wagen, den zweiten Motor trotz Nässe einzuschalten? Es mußte riskiert werden, und es gelang. Der Motor schüttelte das Wasser ab und die Grube war gerettet. Die Monteure bekamen natürlich einen ernsten Verweis, aber sie wurden nicht entlassen. Wir hätten sie auch gar nicht entbehren können.

Der Ingenieur im Produktionsbetrieb

Damit komme ich zu einem weiteren wichtigen Teil meiner Überlegungen, zur Frage der Verantwortlichkeit der Ingenieure überhaupt. Es betrifft den Ingenieur im Produktionsbetrieb. Hier handelt es sich nicht nur um das Verhältnis von Konstrukteur zur Konstruktion, sondern hier tritt der werktätige Mensch in seinen verschiedensten Kategorien in den Verantwortungsbereich des leitenden oder im Betriebe anteilig beschäftigten Ingenieurs. Hier treten zu den sachlichen Schwierigkeiten tausenderlei menschliche Unzulänglichkeiten. Auch die sorgfältigsten Unfall-Vorschriften und Verordnungen nützen nichts, wenn man sie nicht dem einzelnen ins Bewußtsein drängt. Es ist bekannt, daß manche Arbeiter, die in einer Gefahrenzone ständig arbeiten, gegen die Gefahren mit der Zeit abstumpfen, z. B. bei elektrischen Leitungen. Ich habe selbst einen wertvollen Monteur dadurch verloren (im Ausland), daß er mit der Hand in eine elektrische Schaltanlage hineingriff, ohne sich vorher zu vergewissern, ob sie stromlos war. Natürlich muß der verantwortliche Ingenieur das Funktionieren der Sicherheitseinrichtungen regelmäßig kontrollieren, aber der schlimmste Feind ist doch die Teilnahmslosigkeit der einzelnen. Aber die menschlichen Unzulänglichkeiten sind doch ein Faktor, den man nicht aus der Welt schaffen kann. Hier liegt ein ernstes Problem vor, in der Hauptsache in der Richtung, daß nicht immer der richtige Mensch an den richtigen Platz gestellt ist oder werden kann. Derjenige Betriebsingenieur wird sich am besten durchsetzen, der nicht im Kommandieren und Anordnen seine Hauptaufgabe sieht, sondern mit kameradschaftlicher Belehrung nachhilft. Das nützt ihm aber nichts, wenn die Belegschaft nicht das Gefühl hat, daß er ein wirklicher Könner ist. Die Arbeiterschaft hat ein sehr feines Gefühl dafür, ob derjenige, der sie leiten soll, sie auch fachlich und menschlich leiten kann.

Die physiologischen und psychotechnischen Voraussetzungen für eine Bestleistung sind komplizierter Natur. Mit der Normenschraube allein kann man sie nicht erzwingen. Es kommt dabei ja nicht allein auf den einzelnen Arbeitsvorgang an, sondern mehr darauf, wie der betreffende Mensch darauf reagiert. Der eine ist bei einer ganz monotonen, einförmigen Beschäftigung glücklich, der andere geht daran seelisch zu Bruch und wird unlustig. Diesen physiologischen und psychologischen Einflüssen muß noch viel mehr Beachtung geschenkt werden. Der Ingenieur im Betrieb muß ein guter Pädagoge und Menschenkenner sein.

Je umfangreicher der kollektive Apparat der Produktion ist, je mehr Stufen und Abteilungen er umfaßt, desto mehr können sich die erwähnten menschlichen Unzulänglichkeiten bei den einzelnen Beteiligten summieren, weil es dabei immer schwieriger wird, bei jedem einzelnen, auch dem bescheidensten Mitarbeiter, das Gefühl seiner persönlichen Verantwortlichkeit wach zu halten. Gerade durch dieses Versagen, da nicht jeder die Folgen einer auch nur leichten Versäumnis auf das Ganze übersehen kann, entstehen oft die schwersten Katastrophen. Nachträglich ist es dabei natürlich möglich, den kausalen Zusammenhang rückwärts aufzurollen. Hierfür einige Beispiele aus den letzten Jahren. Gegen Ende des ersten Weltkrieges explodierte im Stickstoffwerk der I.G. Farben in Oppau ein großer Silo mit mehreren 100 000 Zentnern von Ammon-Salpeter, dem bekannten synthetischen Düngemittel, und richtete ungeheuren Schaden an. Keiner der gewiß erfahrenen Chemiker der Gesellschaft hatte bis dahin diesen Stoff als explosionsgefährlich angesehen. Wie kam es dazu? Der Ammonsalpeter wird an die Landwirtschaft saisonmäßig geliefert und muß daher gespeichert werden. Bei der Lagerung in hohen Speichern backt er zusammen und ist beim Versand schwer zu lockern. Mit diesem Versandvorgang hatte man einen Unternehmer beauftragt. Dieser ging zur Lockerung der fast steinharten Masse mit bergmännischen Methoden vor und schließlich zum Ansetzen von Sprengschüssen. Der ersten Detonation folgte eine zweite von ungeheurem Ausmaß. Der gesamte Silo-Inhalt flog in die Luft. Der entstandene Schaden an Material und Menschen war ungeheuer; noch im Umkreis von 60 km zersprangen Scheiben und die Gebäude zitterten.

Wer war der Schuldige?

Fast an der gleichen Stelle ereignete sich — wie bekannt — vor wenigen Jahren in der Badischen Anilin- und Sodafabrik in Ludwigshafen ein ähnlicher schwerer Unfall, der durch den bekannten Film „Der Rat der Götter“ dramatisiert wurde.

Im Hofe der Fabrik explodierte ein Kesselwagen, der mit einer sehr niedrig siedenden chemischen Flüssigkeit (Dimethyläther) gefüllt war. Das mit großer Heftigkeit ausströmende Gas geriet etwa in der Höhe des zweiten Stockwerkes in Brand und entzündete in zahlreichen gegenüberliegenden Fabrikationsräumen, in denen ständig mit leicht entzündbaren Stoffen (Äther, Benzin, Acetylen, Lösungsmitteln usw.) gearbeitet wird, dieselben schlagartig, so daß ein weit verbreiteter Fabrikbrand entstand, Gebäude einstürzten und leider auch wieder zahlreiche

Menschen tödlich verunglückten oder schwere Verletzungen erlitten.

Was war die Ursache?

Derartige Kesselwagen zirkulieren ständig in diesen chemischen Werken. Der betreffende Wagen hatte längere Zeit im Freien bei einer Temperatur von 40° in der Sonne gestanden und sich dabei stark erwärmt. Nun bestehen dafür genaue Vorschriften derart, daß die Kessel niemals vollständig gefüllt werden dürfen, damit etwa sich bildende Gase expandieren können. Es soll immer ein bestimmter leerer Raum verbleiben, d. h. es muß die eingefüllte Menge genau zugemessen werden. Nun sind aber die Kessel rohe Gebilde und haben nicht immer gleiches Volumen. Es muß also wohl beim Füllen dieses Wagens der Expansionsraum zu klein geworden sein. Durch die Erwärmung trat eine — rechnerisch nachprüfbare — ungeheure Drucksteigerung ein, der kein Kesselmantel standhält. Der Kessel riß auf, und die heftige Expansion der vom Druck befreiten Masse trieb die Gaswolke in die Luft, wo sie durch irgendeine Funkenbildung (Ionisierung?) in Brand geriet.

Auch dieses Beispiel zeigt deutlich, wie im Gesamtablauf eines solchen Vorganges durch scheinbar unbeachtliche kleine Differenzen schwere Folgen entstehen können, obwohl man glaubte, sich durch die erlassenen Vorschriften genügend gesichert zu haben.

Daß in einem Kalibergwerk in der DDR durch eine Explosion von Erdgas mehrere Bergleute schwer verletzt wurden, gehört auch in diese Kategorie von unvorhergesehenen Vorfällen. Kalibergwerke galten bis dahin als schlagwetterfrei, und es wurden keine Sicherheitslampen verwendet. Durch den fortschreitenden Abbau wurde aber ein Hohlraum mit Erdgas angeschlagen, der darin seine Ursache hat, daß unter den Salzstöcken häufig Erdöl-Horizonte lagern, die Erdgas führen. Seither sind in verschiedenen Gruben solche Vorkommnisse festgestellt, die es notwendig machen, durch Probebohrungen den Zustand des Liegenden zu untersuchen. Daraufhin hat man die nötigen Sicherheits-Lampen usw. eingerichtet. Aber unheimlich bleibt doch die Unsicherheit, ob man nicht beim Anfeuern einer Sprengladung plötzlich auf eine solche zum Auspuff neigende Gasmenge stößt.

Genug dieser Beispiele. Es bleibt aber die Frage offen, ob man solche Vorfälle in der zukünftigen Entwicklung der Technik mit Sicherheit gänzlich wird vermeiden können. Ich fürchte „Nein".

Wandlung der Methoden

Die Anschauung der nicht mit dem Wesen der Technik vertrauten Menschen geht vielfach dahin, daß die technische Aufgabe in jedem Falle unter dem Hinblick auf die mögliche, auf das feinste entwickelte Hilfsstellung der Mathematik sich doch von Anfang an „kausal", d. h. zwangsläufig bis ans Ende durchrechnen lasse, und wenn dann doch etwas schief geht, ein Versehen des Ingenieurs oder mindestens eine Fahrlässigkeit vorliegen müsse.

Ohne zunächst auf weit ausgeholte philosophische Erörterungen einzugehen, ist es doch notwendig, auf eine auffallende Wandlung in der modernsten wissenschaftlichen Technik und Methodik hinzuweisen. Ohne daß in deren führenden Kreisen die Bedeutung der exakten mathematischen Rechnung irgendwie angezweifelt wird, ist an zahlreichen neueren Arbeiten doch festzustellen, daß diese vielfach eine solche Komplikation und kaum noch in der Praxis verwertbare Zersplitterung auf ungezählte Parameter (Unbekannte) erfährt, daß ihre Beziehungen zu den naturgegebenen Eigenschaften der Werkstoffe, ihrer Zeit- und Gestaltfestigkeit nicht mehr evident sind.

Der Wert der mathematischen Durchdringung technischer Probleme ist immer dann gegeben, wenn sie uns neue Gesetzmäßigkeiten in kausaler Ableitung liefert. Aber die wichtigsten Gesetze sind immer einfach.

Man geht immer mehr dazu über, neben und an die Stelle der Rechnung das Experiment, d. h. Untersuchungen an ausgeführten, großen und kleinen Bauteilen zu setzen, und zwar möglichst in ihrer wirklichen Funktion. Der Durchbruch nach dieser Richtung wurde eingeleitet durch die bekannte Abhängigkeit der Wechselfestigkeit von der Zahl der Lastwechsel (Wöhler-Kurve), d. h. von der Zeit. Daher der Begriff der „Zeitfestigkeit". Diese erweitert durch die von der Darmstädter Schule (Professor Dr. THUM von Prof. LUDWIG FÖPPL in Braunschweig) entwickelten Anschauungen über die „Gestaltfestigkeit". Man erkennt die Untersuchung an einfachen Probestäben nicht mehr als ausreichend an, sondern will die wirklichen Spannungen an dem fertigen Bauteil selbst ermitteln. Dazu gibt uns die moderne Meßtechnik durch ihre elektrisch-optischen Feinstmeß-Geräte (Oszillograph) früher unbekannte Möglichkeiten an die Hand.

Am deutlichsten tritt dieses Verfahren in dem Aufsatz meines früheren Mitarbeiters, des Professors Dr.-Ing. W. PEPPLER in der Z. d. VDI, Nr. 26/1952, Bd. 94[1], zutage, der jetzt Leiter der Forschungsanstalt der Gutehoffnungshütte Oberhausen-Sterkrade ist. Darin werden an zahlreichen Beispielen die verschiedenen Meßmethoden vorgeführt (Spannungsoptisch, Dehn-Meßstreifen, Lackverfahren usw.) u. a. auch die Nachprüfung einer großen Rheinbrücke.

Mit solchen Messungen ist es möglich, die übliche statisch-mathematische Rechnung auf ihre Übereinstimmung mit den nach Fertigstellung des Bauwerkes tatsächlich eingetretenen Verformungen nachzuprüfen und für zukünftige Projekte zuverlässige Unterlagen zu gewinnen. M. a. W.: Der Konstrukteur erfährt erst nach solchen Versuchen, wie und ob sich seine Konstruktion bewährt. Dazu gehören natürlich Versuchseinrichtungen, wie sie nur in großen Forschungsstellen mit sehr erheblichen

[1] „Der Versuch als Grundlage beanspruchungsgerechter Konstruktion", Z. d. VDI, Bd. 94 Nr. 26, S. 873 (1952).

Mitteln zur Verfügung stehen. Aber es muß doch das Bedürfnis dafür bestehen, sonst würde man diese Kosten, namentlich in einer kapitalistischen Wirtschaft, nicht aufwenden. Die Kausalität in der mathematischen Durchrechnung und der Ausführung wird also nicht mehr als sicher genug angesehen. Die statistische Methode tritt neben die mathematisch-logische.

Noch drastischer äußert sich diese Anschauung an einem millionenfach angewendeten Maschinen-Element, dem Wälzlager. Bekanntlich arbeitet diese Industrie, die ihre Wiege in Schweden hat, schon seit langem in der Festsetzung der zulässigen Beanspruchungen rein statistisch, d. h. auf der Grundlage einer Großzahl-Forschung von unerhörtem Ausmaß, durch die bei Beachtung der sehr weitreichenden Streuung in der Lebensdauer sehr enge Grenzen für die der Praxis übergebenen Listen festgelegt werden.

Nach neueren, höchst interessanten Arbeiten von Dr. Palmgren und Lundberg in Göteborg scheint diese Methode aber auch nicht zu befriedigen. Die nicht kontrollierbare Unsicherheit der Werkstoffe, die in den Ringen, Rollen und Kugeln bekanntlich einer pulsierenden Belastung unterliegen, trotz sorgfältigster dauernder Kontrolle, hat dazu geführt, bei der Auswahl der Brauchbarkeit der Werkstoffe auf die zahlreichen, zahlenmäßig kaum feststellbaren Fehlstellen winziger Größe im Werkstoff abzustellen. Dazu wird eine Wahrscheinlichkeitsrechnung nach einer geistvollen Methode von Dr. Weibull eingeführt. Das bedeutet, daß die kausale Rechnung durch eine Wahrscheinlichkeitsbetrachtung abgelöst wird und damit ein rein statistisches Verfahren eingeführt wird. Näheres darüber ist aus den von den S.K.F.-Werken-Schweinfurt herausgegebenen Druckschriften zu ersehen.

Wenn es sich auch bei den Wälzlagern um eine ausgesprochene Spezialität handelt, ist doch zu beachten, daß von deren „Sicherheit" der Betrieb ungezählter Kraftwagen, Flugzeuge, Motoren und anderer Maschinen abhängt, also auf einem sehr wichtigen Teilgebiet das kausallogische Rechnungsverfahren völlig durch eine statistische Methode ersetzt wird. Das ist interessant insofern, als auf einem Gebiet der reinen Praxis die kausallogische Rechnung zugunsten statistischer Methoden aufgegeben wird, ein Vorgang, der ja in der Behandlung kernphysikalischer Fragen bereits sein Vorbild gefunden hat.

Betrachtet man daneben die durch die Abhängigkeit von der Lastwechselzahl für den Konstrukteur eingetretene Unsicherheit in der Auswahl der Sicherheiten, so sieht man, daß auch der erfahrenste Ingenieur keineswegs immer in der Lage ist, die Sicherheit der von ihm ausgewählten Werkstoffe 100-prozentig vorauszusagen. Die bisher vorliegenden Versuche über die Gestaltfestigkeit reichen noch nicht entfernt aus, um den Spannungszustand in einem bestimmten Konstruktionsteil mit Sicherheit vorauszusagen. Wie setzte man denn überhaupt die Sicherheitszahl in den meisten Fällen fest?

Man ging aus vom Zerreißversuch an einem „Probestab", ermittelte dessen Bruchfestigkeit K_z und setzte die „zulässige Spannung" fest, indem man K_z durch eine Sicherheitszahl $\mathfrak{S}$ ($\sigma zul = K_z/\mathfrak{S}$ dividierte, die zwischen den Werten 1,5—20 schwanken kann, gemäß den Taschenbüchern, behördlichen Vorschriften usw. Je größer $\mathfrak{S}$, desto größer die Unsicherheit der gegebenen Beanspruchungen.

Die hier gegebenen Beispiele sollen dazu dienen, dem Nichtfachmann, aber namentlich auch den jüngeren Berufskollegen klarzumachen, daß seine Verantwortlichkeit nicht mit den in älteren Taschenbüchern etwa angegebenen Zahlen erschöpft ist. Sie ist in Wirklichkeit viel größer, weil er mit Faktoren rechnen muß, die sich zum Teil noch der genauen zahlenmäßigen Erfassung entziehen. Sofern er sie aber bei größter Gewissenhaftigkeit nicht übersehen kann, kann man bei ihm niemals einen „dolus", d. h. eine subjektive Schuld annehmen, kaum eine Fahrlässigkeit. Das führt zu der Folgerung, daß bei etwaigen gerichtlichen Verhandlungen stets wirklich erfahrene und unabhängige

Sachverständige mitwirken müssen, unter Umständen sogar als Beisitzer des Gerichtshofes.

Es würde den technischen Fortschritt auf das äußerste gefährden, wenn man verlangen würde, daß nur risikofreie Vorhaben ausgeführt werden dürften oder namentlich die untergeordneten Organe aus Furcht vor diesem Risiko oder einer Bestrafung nicht mehr an neue Dinge herangehen wollen. Natürlich muß in jedem Betriebe eine leitende Persönlichkeit zur Verfügung stehen, die wirklich den Stand der wissenschaftlichen Erkenntnis beherrscht und die Mitarbeiter entsprechend unterrichten kann. Oder man muß eben warten, bis die erste Ausführung in Betrieb geht, und das dauert manchmal sehr lange.

Schlußfolgerungen

So wenig es dem Menschen etwa gelungen ist, durch die Technik die Natur zu „beherrschen", er vielmehr nur die in ihr schlummernden Kräfte zur Entfaltung für nützliche Zwecke freimachen kann, so wenig gibt es eine risikofreie Technik oder wird es sie jemals geben. Unsere Aufgabe bleibt es vielmehr, unsere Fachkollegen dazu zu erziehen, daß sie sich jederzeit dieser Verantwortung bewußt bleiben. Der Techniker ist der Wirtschaft gegenüber in einer ähnlichen Lage wie der Mediziner gegenüber dem Patienten. Jeder Kunstfehler kann schweren Schaden bringen, aber hier wie dort versagt die Natur oft die Kenntnis der letzten Zusammenhänge.

Dieser Schwierigkeit muß der Ingenieur mit seinem besonderen Berufs-Ethos gegenübertreten, in jedem Falle das äußerste versuchen, um zu einer Lösung zu kommen. Daß dazu eine wirklich gründliche wissenschaftliche Kenntnis der Dinge gehört, ist selbstverständlich, aber auch der entschlossene Wille, vor Schwierigkeiten nicht zurückzuschrecken. Es darf nicht dazu kommen, daß er sagt: „Ich brauche das nicht zu wissen, mein Vorgesetzter oder eine hohe Verwaltung weiß es ja auch nicht". Nein, er muß soviel Idealismus und soviel Berufsstolz besitzen, um auf sich selbst gestellt vorwärts zu kommen, soviel Fingerspitzengefühl und Intuition und soviel Erfindungsgabe als nötig ist, um die Schwierigkeiten zu bewältigen.

Was bedeutet denn eigentlich der Begriff der echten „Erfindung"? Eine manchmal blitzartige Eingebung aus dem Unterbewußtsein oder einer anderen persönlichen Sphäre, die so oft in der Entwicklung der Technik eine so bedeutsame Rolle gespielt hat. Solche Eingebungen kann man aber ebensowenig wie die Ergebnisse wissenschaftlicher Forschungsarbeit auf bestimmte Sicht vorausplanen. Eine solche überspitzte „Planung" bis in die letzten Verästelungen unterbindet leicht diese persönliche Initiative, die wir nicht nur bei den leitenden Persönlichkeiten, sondern bis weit in die werktätigen Schichten hinein zu entfalten wünschen.

Ich weiß aus langjähriger Betriebserfahrung, daß echter technischer Fortschritt nur bei genügender, freier Beweglichkeit der eigentlichen Persönlichkeit jedes einzelnen Mitarbeiters zu erreichen ist.

J. W. Stalin hat in seiner bekannten Schlußrede zum XIX. Parteitag der Bolschewiki das Problem des Aufbaus des Sozialismus in knappen Worten dahin eindeutig charakterisiert: Es müsse die Produktion unter Ausnutzung der fortschrittlichsten Technik auf einen solchen Stand gebracht werden, daß allen Mitgliedern der sozialistischen Gesellschaft die Befriedigung ihrer materiellen, kulturellen und gesellschaftlichen Bedürfnisse garantiert sei.

Auf die *Produktion* also kommt es an; Produktion ist aber Technik im weitesten Sinne. Diese kann aber nur den gewünschten Erfolg haben, wenn sie von einer für ihren Beruf begeisterten, aber auch von ihrem Risiko und ihren nicht immer vorauszusehenden Schwierigkeiten überzeugten, ebenso selbstbewußten wie tatenlustigen Schar von Technikern aller Schichten freiwillig und bewußt geleistet wird. Diese Zusammenhänge einmal, vor allem auch für die jüngere Generation aufzuzeigen, war der Zweck der hier gemachten Ausführungen. Ich wiederhole, was bereits eingangs gesagt wurde, daß der Drang zum technischen Fortschritt einen urwüchsigen Trieb darstellt, der von der Natur dem Menschen eingeboren ist. Es läßt sich nicht verkennen, daß schon manche Teile der jetzt ihrem Beruf zustrebenden Absolventen an Hemmungen leiden, die darin zu suchen sind, daß sie fürchten, in den Betrieben mangels richtiger Anleitung eine freie Entfaltung ihrer Kräfte nicht erwarten zu können.

Darum wiederhole ich auch die Mahnung, daß in die technische Leitung der Betriebe nur Persönlichkeiten mit den besten erreichbaren technischen Fähigkeiten, d. h. selbst begeisterte Ingenieure und Fachleute gestellt werden dürfen. Denn die Weiterbildung dieser tatenlustigen jungen Kräfte in der Praxis ist eine sehr ernste Angelegenheit. Die ältere, zum Teil schon überalterte, Generation der höheren technischen Intelligenz an den Hochschulen hat getreu ihre besten Kräfte der ihnen obliegenden Aufgabe gewidmet, die heranwachsenden Jahrgänge mit einem denkbar vollwertigen Schatz an Kenntnissen auszurüsten und sie zu fortschrittlichen Leistungen zu qualifizieren. Dieser Fortschritt darf nicht durch formale, vor allem bürokratisch-verwaltungsmäßige Hemmungen unterbunden werden, wenn das Ziel bei den heute noch gegebenen Schwierigkeiten erreicht werden soll. Die endliche Wiedervereinigung unseres zerrissenen Vaterlandes, der Aufbau eines einheitlichen, freien, demokratischen Staatswesens in Frieden und Freiheit wird dereinst allen schöpferischen Kräften freie Bahn schaffen und die zur Zeit abgedrosselten Kraftströme wieder zum Fließen bringen. Dieses Ziel zu erreichen, muß über allen Arbeiten der nächsten Zukunft stehen. Erinnern wir uns an einen Spruch von Hölderlin. Ich las ihn im schwäbischen Land als einzige Inschrift auf einer

Grabstätte, auf der ein schlafender Löwe in wunderbarer künstlerischer Darstellung aus Marmor ruht:

> O Du der Geisteskräfte gewaltigste,
> Löwenstarke Liebe des Vaterlandes!

Von dieser Kraft wollen wir uns leiten lassen!

BERICHTE ÜBER DIE VERHANDLUNGEN DER SÄCHSISCHEN AKADEMIE DER WISSENSCHAFTEN ZU LEIPZIG

MATHEMATISCH-NATURWISSENSCHAFTLICHE KLASSE

Band 97

Heft 1 Prof. Dr. ERICH STRACK, Beobachtungen über den endogenen Anteil des Kot-Stickstoffs
24 Seiten — 8° — 1949 — DM 2,50 *(vergriffen)*

Heft 2 Prof. Dr. ERNST HÖLDER, Über die Variationsprinzipe der Mechanik der Kontinua
13 Seiten — 8° — 1950 — DM 2,75 *(vergriffen)*

Heft 3 Dr. H. GERSTNER / Dr. H. BAARK / Dr. H. GRAUL, Der Wechselstromwiderstand der Froschhaut
25 Seiten — 8° — 1950 — DM 2,75

Heft 4 Dr. HERBERT BECKERT, Existenz- und Eindeutigkeitsbeweise für das Differenzverfahren zur Lösung des Anfangswertproblems, des gemischten Anfangs-, Randwert und des charakteristischen Problems einer hyperbolischen Differentialgleichung zweiter Ordnung mit zwei unabhängigen Variablen
42 Seiten — 8° — 1950 — DM 9,—

Heft 5 Dr. HERBERT BECKERT, Über quasilineare hyperbolische Systeme partieller Differentialgleichungen erster Ordnung mit zwei unabhängigen Variablen. Das Anfangswertproblem, die gemischte Anfangs-Randwertaufgabe, das charakteristische Problem
68 Seiten — 8° — 1950 — DM 14,50 *(vergriffen)*

Heft 6 Prof. Dr.-Ing. ENNO HEIDEBROEK, Das Verhalten von zähen Flüssigkeiten, insbesondere Schmierflüssigkeiten, in engen Spalten
Nachdruck — 40 Seiten — 24 Abbildungen — 8° — 1952 — DM 5,80

Heft 7 Prof. Dr. HANS SCHUBERT, Über eine lineare Integrodifferentialgleichung mit Zusatzkern
52 Seiten — 8° — 1950 — DM 9,25

Heft 8 Dipl. phys. HELMAR KRUPP, Bestimmung der allgemeinen Lösung der Schrödinger Gleichung für Coulomb-Potential
28 Seiten — 8° — 1950 — DM 5,50 *(vergriffen)*

Band 98

Heft 1 Prof. Dr. WALTER SCHNEE, Über magische Quadrate und lineare Gitterpunktprobleme
48 Seiten — 8° — 1951 — DM 4,65 *(vergriffen)*

Heft 2 Prof. Dr.-Ing. ENNO HEIDEBROEK, Über die Beziehungen zwischen Schmierung und Verschleiß bei geschmierter Gleitreibung
Nachdruck — 36 Seiten — 5 Abbildungen — 8° — 1954 — DM 2,75

Heft 3 Prof. Dr.-Ing. e. h. KARL KEGEL, Der Salzstock Mirowo bei Provadia in Bulgarien
26 Seiten — 9 Abbildungen — 8° — 1951 — DM 3,— *(vergriffen)*

Heft 4 Dr. HERBERT BECKERT, Bemerkungen über die Verbiegung hyperbolisch gekrümmter Flächenstücke
Dr. HANS SALIÈ, Über Abels Verallgemeinerung der binomischen Formel
22 Seiten — 2 Abbildungen — 8° — 1951 DM 2,25

Heft 5 Prof. Dr. ERICH STRACK, Die Dauerinfusion als Verfahren zur Erforschung des Kohlenhydratstoffwechsels des Tierkörpers
20 Seiten — 8° — 1952 — DM 2,—

Band 99

Heft 1 Prof. Dr. HEINRICH BRANDT, Über das quadratische Reziprozitätsgesetz
18 Seiten — 8° — 1951 — DM 1,90

Heft 2 Prof. Dr. GEORG SPACKELER, Der Gebirgsdruck und seine Beherrschung durch den Bergmann
36 Seiten — 12 Abbildungen — 8° — 1951 — DM 1,65

Heft 3 Prof. Dr. ERNST DIEPSCHLAG, Die Anwendbarkeit der Regelungstechnik in der Hüttenindustrie
38 Seiten — 12 Bilder — 8° — 1952 — DM 3,90

Heft 4 Prof. Dr. ALBERT FROMME, Die Bedeutung der Entwicklungsgeschichte, besonders des Mesenchyms für die Klinik
24 Seiten — 8° — 1952 — DM 1,75

Heft 5 Dr. ROBERT BÖKER, Die Entstehung der Sternsphäre Arats
68 Seiten — 4 Abbildungen — 2 Ausschlagtafeln — 3 Tabellen — 8° — 1952 — DM 5,60

Band 100

Heft 1 Prof. Dr. HEINRICH BRANDT, Über Stammfaktoren bei ternären quadratischen Formen
24 Seiten — 8° — 1952 — DM 2,25

Heft 2 Prof. Dr. PAUL GÜNTHER, Zur Gültigkeit des Huygens'schen Prinzips bei partiellen Differentialgleichungen vom normalen hyperbolischen Typus
43 Seiten — 8° — 1952 — DM 5,—

Heft 3 Dr. ALFRED MÜLLER, Die Schaubarkeit in der Axonometrie
22 Seiten — 3 Ausschlagtafeln — 8° — 1952 — DM 3,—

Heft 4 Prof. Dr.-Ing. ENNO HEIDEBROEK, Die Beziehungen zwischen Härte, Schmierung und Verschleißfestigkeit
Nachdruck — 40 Seiten — 10 Abbildungen — 8° — 1954 — DM 3,40

Heft 5 Prof. Dr. ROBERT SCHRÖDER, Frauenheilkunde in Forschung und Praxis
22 Seiten — 8° — 1952 — DM 1,35

Heft 6 Dr. ROLF REISSIG, Die pandiagonalen Quadrate vierter Ordnung
54 Seiten — 8° — 1952 — DM 5,—

Heft 7 Prof. Dr. MAX ROBITZSCH, Die Erforschung der Atmosphäre, ihre Methodik und ihre Probleme
30 Seiten — 12 Abbildungen — 4 Kunstdrucktafeln — 8° — 1953 — DM 2,50

Band 101

Heft 1 Prof. Dr. KURT SCHWABE, Periodische Erscheinungen bei der anodischen Auflösung des Zinks
33 Seiten — 14 Abbildungen — 8° — 1954 — DM 3,—

Heft 2 UDO PIRL, Positive Lösungen einer nichtlinearen Integralgleichung
44 Seiten — 2 Abbildungen im Text — 8° — 1953 — DM 4,—

Heft 3 Dr. JOACHIM FOCKE, Asymptotische Entwicklungen mittels der Methode der stationären Phase (*in Vorbereitung*)

Heft 4 Dr. HANS SALIE, Zur Verteilung natürlicher Zahlen auf elementfremde Klassen
26 Seiten — 8° — 1954 — DM 2,50

FSC
www.fsc.org
MIX
Papier | Fördert
gute Waldnutzung
FSC® C083411

Zeitfracht Medien GmbH
Ferdinand-Jühlke-Straße 7
99095 Erfurt, Deutschland
produktsicherheit@kolibri360.de